Största vetenskapliga upptäckterna av 20-talet

För flera år sedan bestämde jag mig för att utforska några

av de stora upptäckterna inom vetenskapen i det tjugonde århundradet. Jag ville veta: Hur vetenskapliga upptäckter hända? Vilka upptäckter är oavsiktlig och som är avsiktliga?

Finns det gemensamma mönster upptäckts?

Hur sortiment av arbets- och tanke varierar

från en vetenskap till nästa och från en

forskare till nästa? Hur fungerar den kreativa

process inom vetenskapen jämför med kreativa

process inom humaniora och konst?

Jag började med att fråga mina vänner-astronomer,

fysiker, biologer, kemister, för att nominera

de största upptäckterna i det tjugonde århundradet i sina områden. Jag fick ett hundratal

nomineringar, och jag sållade ner listan

till tjugotvå.

Var och en av dessa tjugotvå upptäcker har

grunden förändrat hur vi ser på oss själva och vår plats i världen. Den ursprungliga upptäckten tidningarna själva hade en magisk

för mig. Jag har ofta varit förbryllad varför, i

humaniora, vi alltid läsa originallitteratur, men inom vetenskapen vi sällan gör. jag tror

det är delvis förknippad med myten om att i

vetenskapen är det bara den nedersta raden som räknas.

Men i originalarbeten kan vi höra

röster av forskarna; Vi kan följa deras

tankegångar; Vi kan se de stora tänkarna

kämpar för att förstå sin plats i

världen. De ursprungliga papper har något

att ingen lärobok sammanfattningen kan ersätta.

De stora upptäckterna i det tjugonde århundradet, att jag valde att studera är:

1. Max Plancks upptäckt av kvant i

1900 visade att energin inte är kontinuerlig

som folk trodde, men faktiskt kommer i små klumpar som kallas kvanta. Hans resultat revolutionekvantfysik och en stor del av

datorteknik som vi har idag.

2. År 1902, två brittiska fysiologer, William

Bayliss och Ernest Starling upptäckte

första mänskliga hormon. Några år senare, vi

insåg att hormoner utgör en andra

mekanism, efter nervsystemet, för

kroppen för att kommunicera med sig själv.

3. Albert Einsteins 1905 upptäckten att tända

inte är en kontinuerlig ström, men kommer i lite

partiklar, lade grunden till kvant

mekanik.

4. Einsteins andra stora upptäckten att

Samma år förmodligen den största upptäckten

i fysik genom tiderna-var speciell relativitetsteori.

Han visade att flödet av tiden är inte absolut, som det verkar, men är faktiskt relativt

varje observatör.

Hur vetenskapliga upptäckter hända? Hur fungerar det

kreativa processen inom vetenskap

jämför med den kreativa

process inom humaniora

och konst?

5. År 1911, Ernest Rutherford fann atomkärnan, en liten del av volymen av atomen som innehåller nästan

Hela atom massa. Om hela atomen var

storleken på Fenway Park, kärnan skulle

vara storleken på en marmor.

6. Henrietta Leavitt, en astronomisk assistent vid högskolan Observatory Harvard,

publicerade ett papper 1912 som visade hur

att mäta avståndet till stjärnorna, ett konstaterande av oerhörd betydelse inom astronomin.

7. År 1912 också, upptäckte Max von Laue en

Förfarande för mätning av arrangemanget av

atomer i fasta material med hjälp av röntgen.

8. Neils Bohr, den store danske fysikern, sätta

ihop idéer Planck, Einstein, och

Rutherford 1913 att konstruera, teoretiskt,

den första kvant modell av atomen.

9. År 1921 upptäckte Otto Loewi att nerver

kommunicera med varandra genom utsöndring

av en kemikalie.

10. Werner Heisenberg, en av grundarna

av modern kvantfysik, publicerade sin

kända osäkerhetsprincip 1927. Den upprätthåller bland annat att vi inte kan

förutse med fullständig precision framtiden

från den nuvarande, även om vi visste alla lagar

i fysik. Problemet är att vi inte kan

mäta, eller vet, positioner och hastigheter av partiklar, eller till och med en enda partikel, på

varje inledande ögonblick. Förutom

med innebörd för fysik, denna upptäckt

har stor filosofiska, teologiska och

etisk innebörd.

11. Linus Pauling, 1928, publicerade sin första

papper på förståelsen av den kemiska

bindning, de krafter som håller två eller flera atomer tillsammans för att bilda en molekyl. Pauling är den enda person som har vunnit Nobelpriset i både inom vetenskap och i fred.

12. använder sig flitigt av Henrietta Leavitt tidigare arbeten, Kalifornien astronom Edwin Hubble, 1929, funnit bevis som visar att universum expanderar.

13. År 1929 publicerade Alexander Fleming hans papper på penicillin, den första antibiotikum, som ledde till att hela den medicinska revolutionen, som har räddat miljontals liv.

14. År 1937 utvecklade Hans Krebs vad som nu kallade Krebs-cykeln: den sekvens av kemiska reaktioner, genom vilken mat omvandlas till energi i individuella celler.

15. fysiker Lise Meitner och kemisten Otto Hahn upptäckte kärnklyvning 1939 i en experiment som bestod av att bombardera uranatomer med neutroner. i tidigare experiment, när man bombar en mycket

tung atom som uran med en liten subatomär partikel, du bara flisas av en bit av

den större kärna. Hahn hade förväntat mig att

hitta andra atomer i skräp som var bara

lite mindre massiv än uran. Men i hans

kemiskt test, fann han att, efter beskjutningen, resterna verkade ha

kemiska egenskaper av barium, som är halv

massan av uran. Det var som om uran

kärnan hade delats i två delar av en diminutiv

neutron, liknar dela ett berg i

två med en sten från en slangbella. Hahn gjorde

det experimentella arbetet och Meitner gjort

den teoretiska tolkning.

Hahn skrev i sin uppsats: "Som kemister, vi

verkligen borde se över sönderfallsschema ges

ovan och infoga symbolen för barium i stället för symbolen av radium, vilket är mycket

nära till uran. Men som "kärn kemister" arbetar mycket nära till området för fysik,

Vi kan inte få oss ännu att ta ett sådant

drastiskt steg, vilket strider mot all tidigare

erfarenhet av kärnfysik. Det kunde, kanske vara en serie ovanliga sammanträffanden som har gett oss falska indikationer. "Av Naturligtvis kan vi lära oss strax senare att hans test var korrekta: han upptäcka barium, och Detta var i början av atomåldern.

16. Barbara McClintock 1948 upptäcktes att gener kan flytta runt på enskilda kromosomer. Innan dess tyckte kromosomen var som en fast kedja, med fasta förbindelser.

17. Rosalind Franklin, James Watson, och Francis Crick upptäckte struktur dna 1953.

18. Max Perutz, fysikalisk kemist, upptäckte strukturen av hemoglobin 1960.

19. År 1965, Robert Wilson och Arnold Penzias misstag upptäckte radiovågorna kvar från Big Bang. Robert Dicke, en Princeton fysiker, som var både en experimentalist och teoretiker, först tolkat

deras upptäckt. Faktum är att några månader tidigare, Dicke hade förutspått att radiovågor kvar över från Big Bang ska genomsyra alla av utrymmet. Han höll på att bygga en experimentell apparat som skulle upptäcka dessa radio vågor när Penzias och Wilson sa till honom att de hade hittat denna radio väsa i deras antenn som de inte kände igen. Dicke insåg att de faktiskt hade gjort upptäckten att han var bara en månad eller två bort från att göra själv. Penzias och Wilson så småningom fick Nobelpriset.

20. År 1967, Steven Weinberg oberoende upptäckte den första moderna enhetlig teori i fysik, som visar att två grundläggande styrkor var faktiskt en del av samma kraft.

21. År 1969, Jerry Friedman, med Henry Kendall och Richard Taylor, upptäckte kvarkar.

Den kvark är den minsta kända elementära bit av materia. När vi var i skolan, vi fick höra att protonen och neutronen är de minsta partiklarna i kärnan av atom. Sedan dess har vi lärt oss att varje proton och neutron består av tre kvarkar.

22. År 1972 upptäckte Stanford biologen Paul Berg rekombinant dna, där två strängar av DNA från olika organismer sammanfogas för att skapa en ny sträng av dna och en förändrad livsform som aldrig funnits tidigare i naturen.

* * *

Det finns två särskilda upptäckter som jag hade vilja beskriva mer i detalj: En är Otto Loewi upptäckt att nerverna kommunicerar med varandra genom utsöndring av en kemikalie. Den andra är Henrietta Leavitt upptäckt av en metod för att mäta avstånden till stjärnorna.

I en av de mest anmärkningsvärda berättelser vetenskapliga upptäckter, erinrade Otto Loewi hur idén för att testa hur nerverna kommunicerar kom till honom i en dröm: "Natten före påsk söndagen [1921] Jag vaknade, vände på ljuset, och nedtecknade några anteckningar på en liten papperslapp. Sen somnade jag igen.

Det slog mig klockan sex på morgonen som under natten hade jag skrivit ned

något viktigast, men jag kunde inte

Den första kategorin är den

olycka, vid vilken

forskare upptäcker

något som han eller

hon var inte ute efter

att dechiffrera klotter. Nästa natt, vid

03:00 på morgonen, återvände idén. Det var en design av ett experiment för att

avgöra om hypotesen om eller inte

kemisk transmission [nervimpuls, från nerver till deras organ] var sant.

Jag fick genast upp, gick till laboratoriet

och utförde ett enkelt experiment på en groda

del, i enlighet med den nattliga design. . . . "

Vid tiden för sin dröm 1921, var det väl

känt att nervsystemet är det främsta kommunikationsmedel i kroppen.

Man visste också att det i ett enskilt nerv,

kommunikationssignalen är elektrisk. Vad

var inte känt var hur nerverna förmedlas

sina impulser från en nerv till nästa, eller

från en nerv till en orgel. Med andra ord, hur

behöver nerver prata med resten av kroppen? Mest

biologer antages att nerver kommuniceras

med andra nerver och organ med el. I den här vyn, små elektriska strömmar

skulle flöda från en nerv till en annan.

Loewi s sena experiment var inte bara

enkelt men elegant. Han tog hjärtan ur

två grodor och avlägsnade alla nerver från

den andra hjärta. In i båda hjärtan han insatt

ett metallrör fylls med Ringer-lösning, som

motsvarar koncentrationen av salter i kroppen

och håller isolerade hjärtan levande. Det är svårt att

föreställa sig, men dessa hjärtan var fortfarande slår

utsidan av djuren. Loewi stimuleras då vagusnerven av den första hjärt den

hjärta som hade nerverna fortfarande sitter. Den

vagusnerven bromsar funktionerna av organ, och hjärtats takt stryk avtagit

ner som förväntat.

Efter några minuter, tog han vätskan från

den första hjärt och hälls den i röret som går in i den andra, SAMLAD, hjärta. Den

andra hjärtat avtog, precis som om sin egen

vagusnerven hade stimulerats. då han

fokuserade på gaspedalen nerv, vilken

snabbar upp alla funktioner. När han stimulerade

acceleratorn nerv för den första hjärt, det

påskyndas. Han tog sedan vätskan ut ur

röret som hade fastnat i den första hjärt

och hällde i röret som går in i

andra hjärta som påskyndas också. Resultaten lämnat avgörande bevis för att den

sändning från en nerv till ett organ, eller

från en nerv till en annan nerv, är kemisk,

inte elektriska. Den stimulerade nerven utsöndras

en kemikalie. Loewi hade upptäckt neurotransmittorer.

Henrietta Leavitt är i stort sett okända

för allmänheten. De flesta astronomi böcker, även idag, innehåller bara ett fåtal meningar om henne. Hon fick inga medaljer, inga utmärkelser, nej utmärkelser, och inga heders grader under hennes livstid. Hon lämnade efter sig endast en mycket liten antal bokstäver, mestadels skrivit till Edward C. Pickering, chef för Harvard College Observatory, där hon arbetade. där är en ny bok om Henrietta Leavitt efter George Johnson, som innehåller de flesta av vad lite är känt om henne.

Leavitt utvecklat en viktig ny metod för att mäta avstånd i astronomi. När du går utanför på en klar natt och titta upp på himlen, ser du bara en tvådimensionell bild. Du vet inte hur långt de små ljuspunkter är. Om alla stjärnor hade samma lyskraft tänka på ljusstyrka som wattal-då närmare de verkar ljusare och de ytterligare sådana dimmer, och du kan bedöma avstånd med ljusstyrka. men, i själva verket, stjärnorna kommer i ett brett spektrum av luminositet. Så om du ser lite ljus där i rymden,

du vet inte om det är motsvarande

av en 1-watts penlight som är mycket närliggande, eller en

10.000 watt strålkastare som är långt borta.

Utan att veta avståndet till objekt i

utrymme, vi inte vet något om

kosmos bortom solsystemet: vi inte

vet hur stor vår galax är eller om det

finns andra galaxer förutom vårt. Vad

vi behöver är en liten etikett på varje stjärna berätta

vad dess effekt är. Etta Leavitt funnit

ett sätt att sätta den lilla etikett på varje stjärna.

Hon gav astronomi den tredje dimensionen.

Leavitt föddes den 4 juli 1868 i Lancaster,

Massachusetts. Hon var dotter till en

Congregationalist minister, och hon förblev

religiösa hela sitt liv. Hon gifte sig aldrig.

Från 1888 till 1892 studerade hon klassiker, språk och astronomi vid Society for

Collegiate Undervisning av Kvinnor i Cambridge, som nu Radcliffe College.

År 1895 blev hon volontär assistent på College Observatory Harvard, gå med i en dussin andra kvinnor som arbetade för dess diktatoriska regissören, Edward C. Pickering.

Sådana kvinnor kallades datorer: de bokstavligen beräknas. Att arbeta i två rum på College Observatory med om Harvard åtta kvinnor till ett rum, de gjorde otroligt mödosamt arbete. Foto hade just kommit i astronomi omkring 1900 eller så. med det kom förmågan att analysera stora mängder uppgifter, eftersom en fotografisk plåt kunde håller bilder av tusen eller fler stjärnor.

Dessa kvinnor datorer var anställda för att kalibrera och analysera var och en av dessa små punkter av ljus på den fotografiska plåten. eftersom dessa var negativ, de var svarta. Du kan föreställa mig hur jobbigt och mödosamt detta arbete var. Pickering anlitade dessa kvinnor eftersom han kunde betala dem mycket mindre än han skulle ha fått betala en man för att göra samma arbete och när du hade alla dessa data att analysera, behövde du en billig källa till arbetskraft. Å andra sidan var detta det första tillfället för många kvinnor i Förenta Terna att starta en vetenskaplig karriär.

En familj kris år 1900 som heter Leavitt bort från observatoriet. Efter en frånvaro av två år, skrev hon till Pickering: "Jag är mer ledsen än jag kan säga er att det arbete jag åtog med sådan glädje, och transporteras till en viss punkt, med en sådan glädje, bör vara lämnade ofullbordade ". Men 1902, vid en ålder av trettiofyra, kom hon tillbaka till Harvard College Observatory och anställdes på heltid, vid en lön på trettio cent i timmen, vilket motsvarar i dagens dollar till cirka åtta dollars en timme. Hon blev så småningom döv.

Så nu föreställa sig henne arbetar med dessa fotografiska plåtar med tusen små fläckar på varje platta i en värld av tystnad.

Den andra kategorin,

vilket är mycket förtunnade, är

"Principer först." Här

forskare börjar med en filosofisk princip och sedan

utforskar konsekvenserna

av denna princip.

Den tredje kategorin är den

lägligt ledtråd, i vilken den

forskare konfronteras med

en viktig ledtråd bara vid

det ögonblick då han är

kämpar med en erkänd problem.Communication

Projektpickering delat henne, vilket resulterar

i hennes stora insats i astronomi, var

att analysera en viss typ av stjärna som kallas Cepheid variabel. Dessa stjärnor, till skillnad från vår sol,

inte vara konstant i ljusstyrka; istället får de ljusare, sedan dimmer, då

ljusare, då dimmer, i ett regelbundet, återkommande

sätt, i cykler som sträcker sig från en dag till trettio

dagar. Leavitt uppdrag var att mäta cykeltiderna, och de ljusheter, med en grupp av svaga Cepheid stjärnor, alla hopkrupen tillsammans i en speciell region av rymden kallas Lilla magellanska molnet. Leavitt gjorde detta fungerar genom att jämföra fotografiska plåtar tagna vid olika tidpunkter och att bestämma vilken små svarta fläckar hade blivit större och vilka som vistas på samma. Hon märkte ett mönster, en oväntad en: de ljusare Cepheid stjärnor hade längre cykeltider. Den korrelation var tillräckligt bra att hon skulle kunna sluta sig till en Cepheid ljusstyrka genom att mäta dess cykeltid.

Denna upptäckt var kritisk eftersom alla dessa stjärnorna var i samma region av rymden, och så det kan antas att de alla fysiskt nära varandra. Om de är alla mycket nära varandra, vilket innebär att den ljusare stjärnor faktiskt har en högre ljushet. det är som att se ett gäng lampor i en avlägsen of-Office byggnad. Eftersom glödlampor är alla i samma plats, ni vet den ljusare

ettor har större inneboende luminositet, eller

större effekt.

Leavitt hade i själva verket hittat ett sätt att sätta det

tag på en Cepheid stjärna genom att upptäcka ett samband mellan inneboende lyskraft och cykel

tid. När vi vet den inneboende wattal

en stjärna, kan vi mäta dess avstånd av hur

ljust det verkar.

Hennes arbete har publicerats i ett tre sidor papper

i Harvard College Observatory nyhetsbrev,

undertecknat av Pickering. År 1918, Harlow Shapley,

som senare skulle bli direktör för observatoriet och ordförande i amerikanska

Academy, använde sin metod för att mäta kosmisk avstånd för att mäta storleken på vår galax,

Vintergatan. 1924 Edwin Hubble används

Leavitt rön som visar att andra galaxer

ligger utanför vår, och 1929 använde han sitt arbete

att visa att universum som helhet växer. Spela att expansionen bakåt tid, kunde vi konstatera att universum i sin helhet började omkring 10 miljarder år

sedan. Alla dessa fantastiska upptäckter kom

från Henrietta Leavitt ursprungliga upptäckten av hur

att mäta avstånden till stjärnorna.

Leavitt titel vid College Observatory Harvard, från början till slut, var

"Assistent." Hon frågade aldrig om något

mer. Hon dog av cancer den 12 december,

1921 vid en ålder av femtiotre, okänt med nästan

alla utom ett fåtal astronomer som var

medveten om sitt arbete. Kort före sin död,

Henrietta Leavitt skrev ut hennes vilja, lämnar

sina ägodelar till sin mor: bokhylla

och böcker, $ 5; vikskärm, $ 1; matta, $ 40;

bord, $ 5; stol, $ 2; skrivbord, $ 5; bedstead, 15 $;

två madrasser, $ 10; en obligation på 100 kr nominellt

värde; en obligation på $ 48,56; en obligation på $ 50.

Harvard astronom Solon Bailey skrev detta

om Leavitt i hennes 1922 dödsruna: "Hennes känsla

av arbetsuppgiften, var stark rättvisa och lojalitet. Fröken

Leavitt var av en särskilt tyst och tillbakadragen

natur, och absorberas i sitt arbete till en uusual grad. "Tre år efter hennes död, 1925,

Professor Mittage-Leffler i Svenska

Vetenskapsakademin skrev ett brev till Henrietta Leavitt, säger att han skulle vilja

nominera henne för ett Nobelpris. Han gjorde inte

veta att hon hade dött tre år tidigare.

* * *

Från mitt prov av dessa tjugotvå upptäckter, har jag försökt att se om jag kan göra något

generaliseringar. Jag har utvecklat vad man

skulle kunna kalla en taxonomi för vetenskapliga upptäckter,

där jag har sorterat alla upptäckter

i sex kategorier. Naturligtvis är en sådan taxonomi subjektiva; ingen vet exakt

vad som händer i den kreativa processen. Den

verkliga testet är att se om det här systemet gäller upptäckter på artonhundratalet, sjuttonhundratalet, och så vidare.

Den första kategorin är olyckan, i vilka

vetenskapsmannen upptäcker något som han eller

hon var inte ute efter. Ungefär en fjärdedel av

de upptäckter som jag tittat på faller inom denna

kategori. Upptäckten av Penzias och Wilson 1965 av de kosmiska bakgrundsstrålningen-de radiovågor, är ett exempel på

en olycka. Alexander Flemings upptäckt

penicillin 1928 var en olycka. han

kom in i hans laboratorium en dag och hittade

vitt ludd som växer på hans stafylokocker kolonier; var i kontakt kolonierna, de

dödades.

Den andra kategorin, som är mycket förfinade,

är "principer först." Här börjar vetenskapsmannen

med en filosofisk princip och sedan undersöker konsekvenserna av denna princip.

Den främsta exemplet på detta är Einsteins

Upptäckten av hur tiden beter sig, den speciella relativitetsteorin. Här, Einstein

började med den filosofiska principen att

Det finns inget sådant som ett tillstånd av absolut

vila i universum. Om du var i en bil som går med konstant hastighet och drog nyanser ner så att du inte kunde titta ut genom fönster, skulle du inte kunna berätta hur snabbt du ska flytta, eller ens om du ska flytta alls. Från denna princip härledas Einstein alla ekvationer av speciella relativitets.

Den tredje kategorin är att i tid ledtråd, där forskaren står inför en viktig ledtråd just i det ögonblick då han kämpar med ett erkänt problem. Barbara McClintock upptäckt i slutet av 1940 att gener kunde flytta runt på kromosomer är en exempel på denna typ. Hon försökte förstå hur pigmentreglerande gener vrider på och av i tillväxtcykeln av en enda majsplanta. Fenomenet föreföll inte i en slumpmässig mutation men i vissa regelbundet sätt. En dag år 1946, samtidigt som du tittar på de färgade ränder på bladen av henne majsplanta, märkte hon att dessa mutationer kom i par. Det var den kritiska ledtråden hon behövs.

Den fjärde kategorin är analogt, i vilket forskare tillämpar ett koncept eller ett mönster från ett tidigare problem. Ett bra exempel på Detta är Krebs upptäckt av de kemiska reaktioner där energi frigörs i en individuell cell. Några år tidigare hade han upptäckte en ny cykel i biokemi, den "ornitin cykeln", som inleds med en kemikalie som heter ornitin, sedan ändras till citrullin, som övergår till arginin, innan återvändo till ornitin. I processen, ammoniak, som är toxiskt för kroppen, är absorberas och urea avges. Krebs hade idén om cykler i hans sinne.

Den femte kategorin är nya verktyg. Ibland ett nytt instrument kommer tillsammans, till vilken en särskilt forskare har exklusiv tillgång, och han eller hon använder den för att göra en stor upptäckt. en Exempelvis är Edwin Hubbles upptäckt av universums expansion. Jag säger inte att Hubble var inte en briljant man, men han hade exklusiv tillgång till nya hundra tum

Hooker teleskop på Mt. Wilson. Andra astronomer arbetade på samma problem, men Hubble hade den största teleskopet i världen.

Den sista kategorin, en som ger hopp till mig

och för många människor, är vad jag kallar den "långa

dra, "där det finns inte en enda insikt,

heller en enda lysande idé, men långsam, stadig,

engagerade, inkrementell arbete under lång

tidsperiod som producerar en stor upptäckt. Ett exempel är Max Perutz upptäckt

av den tredimensionella strukturen av hemoglobin, vilket tog honom tjugotvå år,

1938-1960.

Det finns några gemensamma mönster över dessa

sex kategorier av upptäckten. De flesta upptäcker

involvera en syntes, i vilken den vetenskapsman

samlar delar av informationen från

tidigare upptäckter. Till exempel, Bohrs upptäckt av kvantatomen använde arbete

Planck, Einstein, och Rutherford.

Den sista kategorin... är vad jag kallar "lång tid" där det finns inte en enda insikt, och inte heller en enda briljant idé, men långsam, stadig, engagerad, inkrementell arbete under lång tidsperiod som producerar en stor upptäckt.

Ett annat mönster som förekommer i många, men inte allt är upptäckterna av följande sekvens av händelser: Först kommer forskning och hårt arbete, vilket leder till det jag kallar "den förberedda sinne."Då kommer en vetenskapsman fastnar på en problem. Slutligen, efter att ha fastnat, han eller hon kommer att ha en förskjutning i perspektiv, ett nytt sätt att tittar på problemet. Lise Meitner förståelse av kärn ½ssion följde detta mönster. Det gjorde Watson, Crick, och Franklins upptäckten av strukturen av DNA. Och andra också.

Den förberedda sinnet är kritisk. Jag vet inte om alla exempel på stora vetenskapliga upptäckter i det tjugonde århundradet från otränade amatörer. Även när upptäckten var oavsiktlig, även när vetenskapsmannen var inte ute efter upptäckten, hans eller hennes sinne

var beredd att inse upptäckten betydelse. Att vara fast är också en mycket viktig

en del av den kreativa processen. denna frustrerande

psykiska tillstånd, efter att du har gjort din

läxor, när du vet vad det viktiga problem som måste lösas är-något sätt katalyserar den skapande fantasin.

Jag har sett detta mönster av upptäckten i konsten

liksom vetenskaperna. Som både en romanförfattare och

fysiker, jag har upplevt detta mönster

för upptäckt. Jag har erkänt samma mönster när författare och skådespelare berätta om sin

kreativa processen. Låt mig läsa ett utdrag ur

The Paris Review, som har en underbar,

långvariga uppsättning intervjuer med författare.

År 1990, Wallace Stegner kommenterade: "Jag

inte gå på jakt efter projekt. Ibland

de framträda inför mina ögon, och ibland

de växer över en lång tidsperiod, eftersom jag

grubbla. "Med det gäller Crossing till säkerhet,

en av hans romaner, sade han, "Jag visste från

början att det skulle bli en bok. Du

har den känslan. Det är som en fisk på linjen.

Men jag visste inte vad boken det skulle

vara. Jag var tvungen att upptäcka att genom trial and error ".

I Janet Sonenberg bok The Actor Talar:

Tjugofyra Skådespelare tala om Process och teknik, John Turturro (som var i, bland

annat, Barton Fink och The Secret Window) skrev: "När scenen dynamiska är

börjar uppträda, jag ska gå med den och sedan försöka

att flytta det också, precis som du skulle göra i livet. Den

skiftning är viktig. Sedan, om jag kan få till

punkten när jag vet att det händer, och jag vet inte vad jag gör, det är

inspiration. Jag har gjort allt mitt arbete, och sedan

Jag försöker att uppnå detta andra levande dimension. "

Slutligen finns det ingen enskild vetenskaplig personlighet. En forskare kan vara djärv och självsäker,

som Einstein eller Rutherford eller Watson. En forskare kan också vara blygsam och tyst, som Leavitt eller Krebs eller Fleming eller Meitner. William

Bayliss, som upptäckte den första hormon i

1902 var försiktig, noggrann, kär

detaljerna. Hans medarbetare, Ernest Starling,

var precis tvärtom. Han var livlig, otålig,

huvudsakligen bedriver den breda svep av saker.

Vad alla dessa män och kvinnor shared-

och detta såg jag i varje enskild upptäckt,

huruvida personer fick uppmuntran

eller missmod från sina föräldrar, oavsett om de var den revolutionära typen eller

pensioneras typ var en passion för att veta, en ren

nöje i att lösa pussel, en oberoende

i sinnet. Den amerikanska biologen Barbara

McClintock erinras om att i gymnasiet vetenskap klasser, "jag skulle lösa några av de problem på ett sätt som inte var svaren på

instruktör förväntat. Det var en enorm

glädje, hela processen med att hitta det svaret,

en ren glädje. "När den tyska kärnfysikern Lise Meitner var en liten flicka, varnade henne hennes mormor att hon aldrig skulle sy

på sabbaten, eftersom himlen skulle

rämna. Så den lilla flickan beslutat att göra ett experiment. Hon rörde vid henne nål till hennes broderier, väntade och såg

upp; men ingenting hände. Sedan tog hon en

stygn, väntade, tittade upp, och ingenting

hände. Slutligen övertygad om att hennes mormor hade varit fel, fortsatte hon med sin sömnad!...

www.ingramcontent.com/pod-product-compliance
Lightning Source LLC
Chambersburg PA
CBHW070732180526
45167CB00004B/1727